Stefan Moses

Das Tier und sein Mensch

1997

STEFAN MOSES

DAS TIER UND SEIN MENSCH

Mit einem Vorwort von Loriot

SANSSOUCI

Für E.

1 2 3 4 5 01 00 99 98 97

ISBN 3-7254-1117-4

Courtesey Stefan Moses – Archiv im Fotomuseum des Münchner Stadtmuseums
Grafik: Susanne Baumgartner, München
Satz: Satz für Satz. Barbara Reischmann, Leutkrich
Lithos: Brend'amour, München
Druck und Bindung: Passavia Druckerei GmbH, Hutthurm
Printed in Germany

DAS TIER UND SEIN MENSCH

Wer Stefan Moses bei der Arbeit beobachtet, gerät unversehens in den Sog jenes leisen beharrlichen Wahnsinns, mit dem ein großer Photograph die lebenden Objekte seiner Begierde gefügig, wenn nicht wehrlos macht. Er lächelt gütig. Durch viele sanfte, zustimmende Worte entsteht der trügerische Eindruck eines Gesprächs, als habe das photographische Opfer noch einen eigenen Willen, als habe es zu seiner Selbstdarstellung noch irgend etwas beizutragen. Letzte Widerstände und anfängliche Wachsamkeit wandeln sich zu einer Atmosphäre hilflosen Vertrauens.
Augenblicke später schmiegt sich vor der Kamera ein Ehepaar unter Mißachtung einer in Jahrzehnten gewachsenen Abneigung leidenschaftlich aneinander. Ja, es ist sogar bereit, den Vorgang beliebig oft zu wiederholen. Wider Erwarten enthüllt das Ergebnis (ein Abzug im Format 24 x 30, schwarz-weiß, hochglanz) die Spuren gemeinsam verkorkster Jahrzehnte. Stefan Moses beherrscht die psychologischen und hypnotischen Mittel, Menschen und anderen Wirbeltieren die verlorene Natürlichkeit zurückzugeben.
Mir gelingt das so gut wie nie. Kaum richte ich meine Rolleiflex, ein etwas umständliches, aber verläßliches Gerät aus

dem Jahre 1952, auf ein lebendes Motiv, versagt mir dieses jeden Respekt. Menschen beginnen artfremd zu grimassieren, äußern sich in verletzenden Kommentaren oder verlieren die Kontrolle über ihre gewohnten Bewegungsabläufe.
Anwesende Tiere erscheinen gleichermaßen verhaltensgestört. Anton, ein sonst sehr besonnener, nachdenklicher Hund, knurrt ins Objektiv (Schneider Xenar, 1:3,5) unter leichter Anhebung der Oberlippe. Paul, ein Mops vertrauenerweckender Abstammung, verschränkt die Ohren über dem Kopf und offenbart sein Gesäß, das infolge der natürlichen Öffnung nicht zu den gängigen Motiven gehört.
Die Verweigerungsrituale bei Tier und Mensch sind demnach unterschiedlich. Auch der hingehaltene Kalbsknochen ist bei Herr und Hund nicht gleichermaßen wirkungsvoll. Und doch gelingt es dem virtuosen Photographen beim Portrait des Löwenbändigers, der sein Haupt schräg zwischen die Zähne seines Zöglings bettet, auch noch die Hintergründe der Beziehung aufzuspüren und seelische Spannungsfelder im Mienenspiel der Partner nachzuweisen. Da sind Kunst und Geduld gefordert. Ein falscher Blick, das Tier schließt mißgelaunt den Rachen, schon wirkt das Lächeln des Artisten seltsam abgebrochen. Ein Betriebsunfall, und doch, rechtzeitig abgelichtet, ein rares Dokument der Wahrheit: Photographenglück.
Das Tier und sein Mensch. Der Titel dieses Bandes macht unsicher. Auf den ersten Blick vermutet man die schicksalhafte Zu-

gehörigkeit. Auf den zweiten ist der Mensch bereits Eigentum des Tieres. Mir ist die letztere Version vertrauter. Seit Jahrzehnten bestimmen die Verdauungsrhythmen dreier Hunde das gesellschaftliche Leben der Familie. Sie zwingen uns, nach kulturell genutzter Freizeit hastig heimzukehren, nötigen zum Aufenthalt im Freien, nächtlich bei ungünstiger Witterung.
Stefan Moses, der Photograph und Psychologe, kennt diese einseitige Betrachtungsweise nicht. Mit zarter Hand begleitet er das empfindliche Miteinander, ohne Gut und Böse, Tragik oder Komik zum Programm zu machen. Mit jedem Photo erzählt er eine Geschichte aus der Manege des verlorenen Paradieses, vielleicht in der Hoffnung, daß einmal Tier und Mensch gemeinsam durch den Reifen springen.

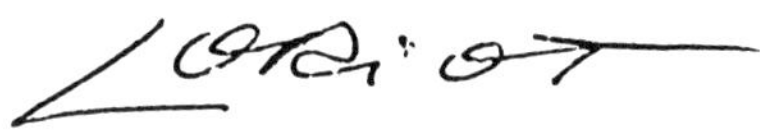

Wir stellten fest, daß dem Stacheltier
Spaghetti mit Fleischsoße schmeckte.
Es kam mitten in der Nacht, und wir ließen
den Teller auf dem Küchenboden.
Die Kinder, halb eingegraben, hatte es
bei der Garagentür untergebracht.
Sie waren sehr klein, Knäuel.
Ob es viele waren, konnte der immer
angeheiterte Wächter nicht sagen.
Später wurde der Igel
im Gemüsegarten der Carabinieri gesichtet.
Wir hatten ein Loch
zwischen den Rankpflanzen übersehen.

Eugenio Montale · Im Parterre

Taubenflug über die Äcker hin, –
ein Flügelschlag, der schneller ist als die Schönheit.
Sie holt ihn nicht ein, sondern bleibt mir
als Unbehagen zurück im Herzen.

Als wäre auch Taubengelächter vernehmbar
vor den Schlägen, den grün gestrichenen Zwerghäusern,
und ich beginne nachzudenken,
ob der Flug ihnen wichtig ist,
welchen Rang die Blicke zum Erdboden haben
und wie sie das Aufpicken des Korns einordnen
und das Erkennen des Habichts.

Ich rate mir selbst, mich vor den Tauben zu fürchten.
Du bist nicht ihr Herr, sage ich, wenn du Futter streust,
wenn du Nachrichten an ihre Federn heftest,
wenn du Zierformen züchtest, neue Farben,
neue Schöpfe, Gefieder am Fuß.
Vertrau deiner Macht nicht,
so wirst du auch nicht verwundert sein,
wenn du erfährst, daß du unwichtig bist,

daß neben deinesgleichen heimliche Königreiche bestehen,
Sprachen ohne Laut, die nicht erforscht werden,
Herrschaften ohne Macht und unangreifbar,
daß die Entscheidungen geschehen im Taubenflug.

Günter Eich · Tauben

Im Garten Paradiese / hatt' jeder seinen Platz
Der Sandfloh und der Riese /
und Katz und Maus und Spatz /
Die Vögelein beflogen den Himmel /
Die Maden bezogen den Speck /
Und das ganze Schweinegewimmel
das siehlte sich sauwohl im Dreck /
Ob Felder Wald und Wiese –
Ich wohn' Dir bei, mein Schatz!
Im Garten Paradiese
hatt' jeder seinen Platz /
Als Adam mit der Eva . . .
da waren sie nicht getraut /
Als Adam längst Papa war /
war Eva noch seine Braut /
Es gab nicht Not / es gab
nicht Geld
Es gab nur das Pläsier /
Wenn wir zwei uns vernarren /
das kümmert die Welt einen Schmarren /
Denn die Welt
denn die Welt
das sind: WIR

Walter Mehring · Singweise vom Paradiso

Mein kleiner weißer Hund und ich,
Wir gehn durch alle Türen.
Wir suchen dich. Wir suchen mich.
Wir weinen und wir frieren.

Der Regen kreiselt groß im See,
Wirft Ringe in die Runde.
Ich weiß nicht, wo ich geh und steh
Mit meinem kleinen Hunde.

Die Welt ist weit. Und weit bist du.
Wo enden Weg und Reise?
Ich hör dem großen Regen zu –
Mein kleiner Hund bellt leise.

Ich find dich nicht. Ich find mich nicht.
Mit dir ging ich verloren.
Mein Hund blickt trüb, und mein Gesicht
Preß ich an seine Ohren.

Silja Walter · Mein kleiner weißer Hund und ich

Ich seh den Mond des Februar sich lagern
Auf reinen Himmel, türkisblauen.
In wintergelben Gräsern, magern,
Gehn Schafe, ruhen, kauen.

Dem schönsten folgt der Widder, hingerissen.
Die Wolle glänzt, gebadete Koralle.
Ich weiß das Wort, den Mond zu hissen,
Ich bin im Paradiese vor dem Falle.

Wilhelm Lehmann · Februarmond

Sie liegen irgendwo in den gewohnten Ecken
und scheinen zu sinnen.
Die Augen schimmern grün.
Man darf sie necken,
sie lassen sich gewinnen.
Und alsdann
legen sie sich auf den Bauch und runden
den Leib, versuchen mit Schnauze und Pfoten
deine Hände zu greifen,
und ihre Augen glühn,
die grünblaugraugelbroten.
Irgendwann
erheben sie sich und beginnen
eine kleine Vergnügungsreise durchs Haus.
Schließlich sehn sie zu einem offenen Fenster hinaus,
sie strecken
die Schnauze in die Luft und lassen die Augen schweifen,
prüfen: kann diese Witterung
einem Katzentiere munden?
Und schon sind sie mit wahrhaft musikalischem Sprung
in der blauen Luft verschwunden.

Am Abend sind sie plötzlich wieder da.
Man findet sie wie seidige, o so
geschmeidige Damen, die man vor Stunden
glänzend und stark aus der Haustür treten sah,
mit ausgestreckten Beinen
weich zerknittert irgendwo,
wo sie in Erinnerungen versunken scheinen.

René Schickele · Katzen

Der Schneehase

Er
bewohnt
ganz Europa
bis zum Kaukasus. In Sibirien

besteigt er die Eisenbahn
und zieht
die Notbremse, sobald ihm
japanische Baumrinde
winkt. Sie behagt
ihm besser
als jede Fußspur
im Schnee, da muß er
sich ducken, in höchster Eile

holt er
den Winterpaß
aus seiner
weißen Weste, äugt
nach Asien, liest
den Brehm

In Pinselschrift: Schnee-
und Feldhasen
ähneln einander, genauer
gesagt: Diese
Tatsache
hat sogar
den Maler Hokusai
erregt.

Der Feldhase

Die Jungen
kommen mit offenen
Augen zur Welt. Sie nehmen
deshalb
augenblicklich
Reißaus

und versichern
in frühen Memoiren, daß sie
des Menschen
flintenschwarze
Mündung
nur vergessen konnten

bei der Lektüre
eines bestimmten Buches von
Françis Jammes.

Günter Bruno Fuchs · Über die Verwandtschaft zwischen Schnee- und Feldhasen

Die Krähen schreiben ihre Hieroglyphen
In den Abendhimmel, in den bleichen:
Wunderliche, schnörkelhafte Zeichen,
Tun geheimnisvoll mit ihren schiefen
Schwarzen Flügen.

Was sie schreiben, ob es uns betrifft?
Wer es deuten könnte, wär ein weiser Mann.
Ach, der Anblick nur muß uns genügen!

Hilflos sind wir vor der schwarzen Schrift
An der bleichen Himmelswand,
Wie ein Kind, das noch nicht lesen kann,
Und das Blatt verkehrt hält in der Hand.

Georg Britting · Krähenschrift

»Dem Reinen ist alles rein« – so spricht das Volk. Ich aber sage euch: den Schweinen wird alles Schwein!
Darum predigen die Schwärmer und Kopfhänger, denen auch das Herz niederhängt: »Die Welt selber ist ein kotiges Ungeheuer.«
Denn diese alle sind unsäuberlichen Geistes; sonderlich aber jene, welche nicht Ruhe noch Rast haben, es sei denn, sie sehen die Welt *von hinten* – die Hinterweltler!
Denen sage ich ins Gesicht, ob es gleich nicht lieblich klingt: die Welt gleicht darin dem Menschen, daß sie einen Hintern hat – so *viel* ist wahr!
Es gibt in der Welt viel Kot: so *viel* ist wahr! Aber darum ist die Welt selber noch kein kotiges Ungeheuer!
Es ist Weisheit darin, daß vieles in der Welt übel riecht: der Ekel selber schafft Flügel und quellenahnende Kräfte!
An dem Besten ist noch etwas zum Ekeln; und der Beste ist noch etwas, das überwunden werden muß! –
O meine Brüder, es ist viel Weisheit darin, daß viel Kot in der Welt ist! –

Friedrich Nietzsche

HIME
INDUSTRIA

O Einsamkeit des Rindes auf dem Feld,
O Einsamkeit des Menschen auf der Straße!
Zwischen Wagen, Zügen, Telefonen,
Zwischen Schreien welche tiefe Öde!

O Einsamkeit des Rindes auf dem Feld,
O Millionen welche leiden ohne Fluch!
Ob es Nacht ist oder sonnig bleibt sich gleich,
Die Dunkelheit bricht an sobald es tagt!

O Einsamkeit des Rindes auf dem Feld,
Menschen winden sich und sagen keinen Ton!

Carlos Drummond de Andrade · Das Rind

Meine weissen ara haben
safrangelbe kronen.
Hinterm gitter wo sie wohnen
Nicken sie in schlanken ringen
Ohne ruf ohne sang.
Schlummern lang.
Breiten niemals ihre schwingen –
Meine weissen ara träumen
Von den fernen dattelbäumen.

Stefan George

Der Tiger schreitet seine Tagesreise
Viel Meilen fort.
Zuweilen gegen Abend nimmt er Speise
Am fremden Ort.

Die Eisenstäbe: alles, was dahinter
Vergeht und säumt,
Ist Schrei und Stich und frostig fahler Winter
Und nur geträumt.

Er gleitet heim: und mußte längst verlernen,
Wie Heimat sprach.
Der Käfig stutzt und wittert sein Entfernen
Und hetzt ihm nach.

Er flackert heller aus dem blinden Schmerze,
Den er nicht nennt,
Nur eine goldne rußgestreifte Kerze,
Die glitzernd sich zu Tode brennt.

Gertrud Kolmar · Trauerspiel

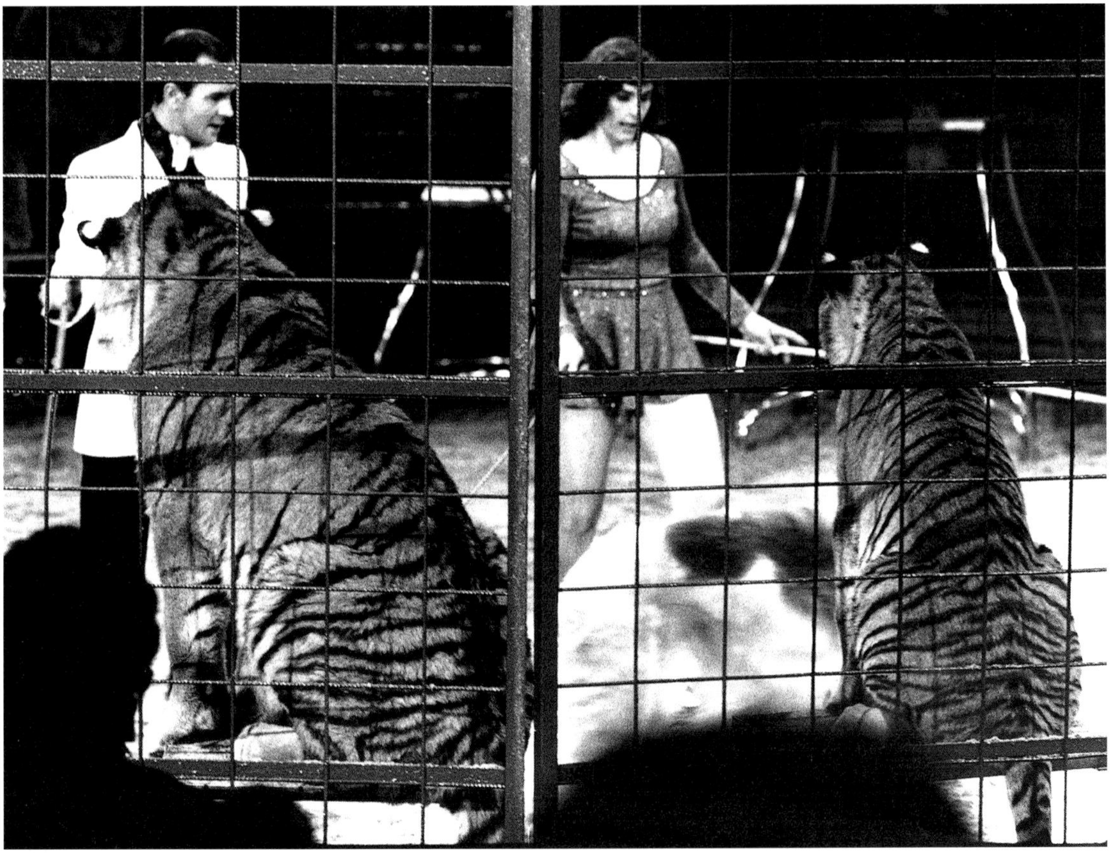

Wer die blühenden Wiesen kennt
Und die hingetragene Herde,
Die, das Maul am Winde, rennt:
Junge Pferde! Junge Pferde!

Über Gräben, Gräserstoppel
Und entlang den Rotdornhecken
Weht der Trab der scheuen Koppel,
Füchse, Braune, Schimmel, Schecken!

Junge Sommermorgen zogen
Weiß davon, sie wieherten.
Wolke warf den Blitz, sie flogen
Voll von Angst hin, galoppierten.

Selten graue Nüstern wittern,
Und dann nähern sie und nicken,
Ihre Augensterne zittern
In den engen Menschenblicken.

Paul Boldt · Junge Pferde

Fort mit der akademischen Muse! Ich habe nichts zu schaffen mit dieser alten Zimperiese! Ich rufe die Muse des Alltags, die Muse der Stadt, des lebendigen Lebens an; sie helfe mir die guten, die armen Hunde zu besingen, die schmutzigen Hunde, die für verpestet und verlaust gelten, und die jeder fortscheucht, außer dem Armen, dessen Gefährten sie sind, und dem Dichter, der sie mit brüderlichem Blick betrachtet.
Pfui über den geschleckten Hund, diesen vierfüßigen Gecken – Däne, King Charles, Mops oder Spaniel –, der derart in sich selbst verliebt ist, daß er sich dem Besucher zudringlich zwischen die Beine wirft und ihm auf den Schoß springt, als müsse er jedem gefallen, unruhig wie ein Kind, dumm wie eine Kokotte, manchmal mürrisch und frech wie ein Domestike! Pfui vor allem über die vierpfotigen Schlangen, jene fröstelnden Nichtstuer, die man Windspiele nennt, und die in ihrer spitzen Schnauze nicht einmal Witterung genug haben, um der Fährte eines Freundes zu folgen, noch in ihrem flachen Schädel soviel Verstand, um Domino zu spielen!
In die Ecke mit all diesen lästigen Schmarotzern!
Zurück mit ihnen auf das Seidenpolster ihres Körbchens! Ich besinge den schmutzigen Hund, den armen Hund, den Hund ohne Heim, den Herumtreiber, den Jahrmarktshund. Wie dem Armen, dem Zigeuner und dem Gaukler hat ihm die Notdurft seinen wunderbar geschärften Instinkt verliehen, diese gute Mutter, diese wahre Schutzhelferin der Verständigen!

Charles Baudelaire

Als Feigen trug der Dornenknick,
Es flog der Fisch, es schritt der Hag –
Blutrot der Mond, den Augenblick
Begann ich meinen Lebenstag.

Mit Monsterkopf und Wackelohr,
Wenn meine Stimme gellt,
Wie Parodie komm ich mir vor,
Vierfüßer, eurer Welt.

Ein Wille wollte, alt und krumm;
Man striemte mich, man femte mich.
So prügelt, höhnt nur: ich bin stumm,
Und mein Geheimnis wahre ich.

Ihr Narren! Weiß den Tag ich doch,
Die große, süße Stunde noch,
Die Palmen streute meinem Huf
Und in mein Ohr den Jubelruf.

Wilhelm Lehmann · Der Esel.
Nach G. K. Chesterton

Ich hab im Traum mit einem Hund gesprochen.
Erst sprach er spanisch. Denn dort war er her.
Weil ich ihn nicht verstand – das merkte er –,
sprach er dann deutsch, wenn auch etwas gebrochen.

Er sah mich ganz entsetzt die Hände falten
und sagte freundlich: »Kästner, wissen Sie,
warum die Tiere ihre Schnauze halten?«
Ich schwieg. Und war verlegen wie noch nie.

Der Hund sprach durch die Nase und fuhr fort:
»Wir können sprechen. Doch wir tun es nicht.
Und wer, außer im Traum, mit Menschen spricht,
den fressen wir nach seinem ersten Wort.«

Ich fragte ihn natürlich nach dem Grund.
(Ich glaube nichts, was man mir nicht erklärt.)
Da sagte mir denn der geträumte Hund:
»Das ist doch klar! Der Mensch ist es nicht wert,
daß man gesellschaftlich mit ihm verkehrt.«

Er hob sein Bein, sprang flink durch krumme Gassen . . .
Und so etwas muß man sich sagen lassen!

Erich Kästner · Ein Hund hält Reden

Hüt' dich, mein Freund, vor grimmen Teufelsfratzen,
Doch schlimmer sind die sanften Engelsfrätzchen.
Ein solches bot mir einst ein süßes Schmätzchen,
Doch wie ich kam, da fühlt ich scharfe Tatzen.
Hüt' dich, mein Freund, vor schwarzen, alten Katzen,
Doch schlimmer sind die weißen, jungen Kätzchen.
Ein solches macht' ich einst zu meinem Schätzchen,
Doch thät mein Schätzchen mir das Herz zerkratzen.
O süßes Frätzchen, wundersüßes Mädchen!
Wie konnte mich dein klares Aeuglein täuschen?
Wie konnt' dein Pfötchen mir das Herz zerfleischen?
O meines Kätzchens wunderzartes Pfötchen!
Könnt' ich dich an die glüh'nden Lippen pressen,
Und könnt' mein Herz verbluten unterdessen!

Heinrich Heine

Ich seh dich mit Sepia-Augen
Sepiatintenfischaugen
milde nach innen schauend
Augen für immer geschlossen
vor dem Rachen das Gaumensegel
Augen für immer geöffnet:
Ich seh dich, ich seh dich
ich seh dich, meine Schöne –

Mit Meeresspiegel-Sternen
groß schimmernden, wie einer Stirn Schweißtropfen
wie Schweißtropfen, wie Öltropfen schimmernd
durch die nächtliche Oberfläche –
so seh ich dich, meine Schöne
Ich seh deine Perlmutterglieder
im blaudurchschimmerten Seegras
Ich seh dich mit Sepia-Augen
sie schließend doch schauend

Ich liebe dich mit meinem neunten Glied
meine Schöne –

Komm wiegen wir uns in der Dämmerung
hin und her hin und her
Komm wiegen wir uns in der Dünung
Fließen ist langsam fliegen
komm laß uns langsam fliegen
meine Schöne

Gunnar Ekelöf · Meerverwandlung

Du bist der arme Kaliban der Welt,
  Du hast dem Menschen jede Frucht gezeigt,
Die auf der Erde Saft und Mark enthält,
  Und dich ihm stumm, als deinem Gott, geneigt,
Dir dankt ers selbst, daß er die Quelle kennt,
  Worin er sich den Leib verjüngen kann,
Doch seit ihm deine heilge Leuchte brennt,
  Verhängt er über dich den Todesbann,
Und das Geschöpf, das gleich verloren war,
  Wenn du es nicht geleitet durch die Nacht,
Bringt dir den Dank durch alle Martern dar,
  Wozu der Trieb in seiner Brust erwacht.

Friedrich Hebbel · Auf das Tier

Du sahst mich oft im Kampf mit jenen Schlingeln,
Geschminkten Katzen und bebrillten Pudeln,
Die mir den blanken Namen gern besudeln,
Und mich so gerne ins Verderben züngeln.

Heinrich Heine

Der Stier stößt gegen den Zaun. Indessen sind die jungen Leute wieder in der Mitte der Arena. Sie locken den Stier, schreien, schrekken ihn. Einer läuft dem Tier entgegen, streckt die Hand aus, der Stier stößt gegen den Mann vor, der Mann entweicht. Er ist flinker, er ist zweibeinig, er hat Genossen, die ihm helfen und den wütenden Stier ablenken, er ist in einer unvergleichlich besseren Situation, der tapfere Mensch. Er darf alle Waffen benützen: die List, die Feigheit, die Zweibeinigkeit, den Zaun, die Ausgänge, den eisernen Kamm. Der Stier hat nichts, man hat ihm über die Hörner Schläuche aus Leinwand gestülpt, um seine Stoßkraft zu mindern.
Der Stier ist schwarz, kräftig, um seinen Nacken kräuselt sich das Fell, sein guter, breiter Schädel glänzt bläulich in der Sonne, seine Augen sind groß, ratlos, dunkelgrün und in aller Wildheit noch fromm.

Joseph Roth

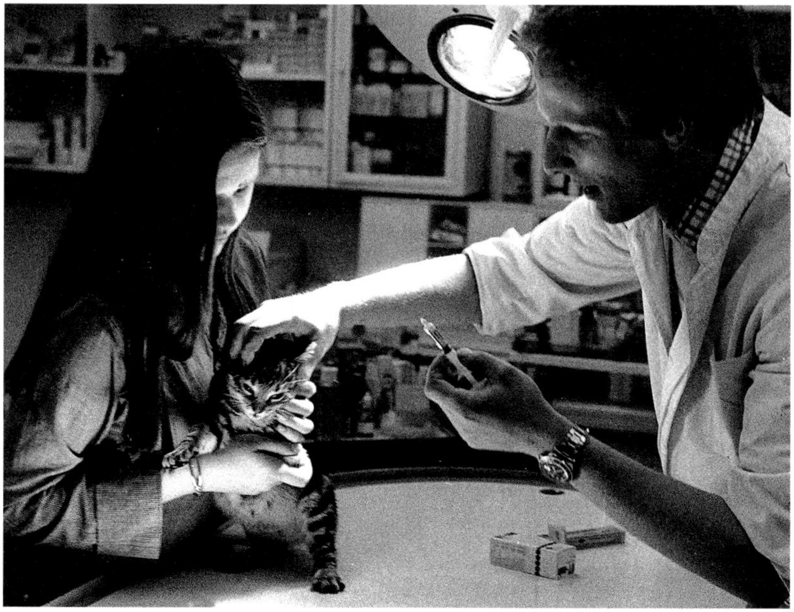

Ich und mein Kater Pangur weiß
erstreben jeder unsern eignen Preis;
nach Mäusefang steht ihm der Sinn,
ich meiner eignen Kunst dagegen Meister bin.

Lieb ist die Ruhe mir – lieber als aller Ruhm –
bei meines Buchs geflissentlichem Studium;
der weiße Pangur fühlt darob nicht Neid,
mit kindischem Spiel vertreibt er sich die Zeit.

Sind wir in unserm Hause ganz allein,
gebannt ist alle Langeweile so zu zwein.
Wie haben Scherz und Kurzweil wir getrieben,
um unseren Verstand zu üben!

Zuweilen fängt durch einen klugen Streich
er eine Maus in seinen Fängen sich sogleich;
zuweilen bleibt in meinen Geistesfängen
ein groß Problem gar schwer auflöslich hängen.

Freund Pangurs runde Feueraugen
sich in die Wand der Zelle saugen;
ich richte meine Augen, die zwar schwachen
doch klaren, auf der Wissenskünste Sachen.

In schnellen Sprüngen zeigt sich sein Gefallen,
blieb eine Maus in seinen scharfen Krallen;
auch ich erfreue mich, wenn ich erfaßt
ein schwer Problem, jetzt lieb, doch einst verhaßt.

Obwohl wir so zusammen allezeit,
stört keiner doch des andern Zeitvertreib;
ein jeder ist mit seiner eignen Kunst zufrieden,
in der ihm Lust, Zufriedenheit beschieden.

Mein Pangur weiß ist seines Werkes Meister
und er vollbringt es täglich immer dreister,
indessen ich mich muß beschäftigen,
das Klare mit Unklarem zu bekräftigen.

Unbekannter irischer Dichter · Der Mönch und sein Lieblingskater (9. Jahrhundert)

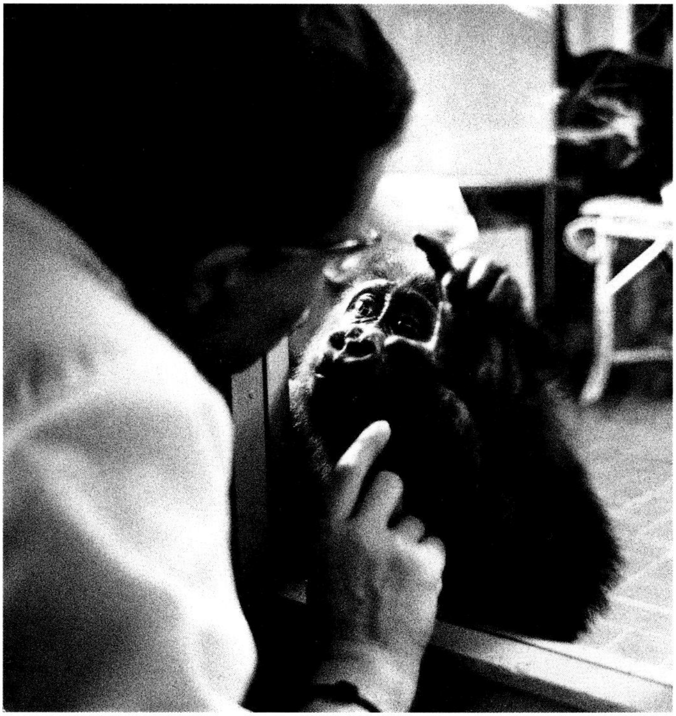

Es ist heute schon unwahr, daß die Affen dem Menschen näher stehen als andere Tiere. Lange Zeit mögen wir uns nicht viel von ihnen unterschieden haben; damals waren sie uns nahe verwandt; heute haben wir uns durch unzählige Verwandlungen so weit von ihnen entfernt, daß wir nicht weniger von Vögeln an uns haben als von Affen.

Elias Canetti

Komm an mein liebreiches herz · schöne katze ·
Verbirg die klauen der tatze
Wenn mein auge naht
Dem deinen gemischt aus metall und achat!

Wenn meine finger mit musse schmeicheln
Dem biegsamen kopf und rücken
Und bebt meine hand im entzücken
Den funkenstiebenden körper zu streicheln

Dann seh ich im geist eine frau: ihr blick
Gleich deinem · freundliches tier ·
Trifft wie ein pfeil und ist tief und hell.

Es schwimmt vom fuss zum genick
Ein feiner gefährlicher odem dir
Rings um das braune fell.

Charles Baudelaire · Die Katze

Abends aber ganz gelassen
hockte er am Bootesrand,
während rudernd durch die nassen
Berge ich uns Wege fand.
Und er wiegte auf den schwanken
schlanken Beinen eingeknickt,
und der Schnabelspeer mit Wanken
war ins Abendgold gezückt.

Ina Seidel

Seitdem ich fast völlig verstummte,
liebe ich Wesen, die selbst kaum sprechen,
wie ein Baum, oder so wenig, wie das fügsame Tier,
das mir folgt – es bleibt stehn, wenn ich raste, und
trabt willig hinter mir her, wenn ich weitergeh.
Es fügt sich dem Joch, das ihm auferlegt,
wirft mir höchstens einen ergebenen Blick zu.
Und schweigend lehrt es bleibende Wahrheit.

Umberto Saba · Seitdem

Er zittert oben hoch auf dem Kamel
In einem roten Rock auf seinem Brette.
Er klettert schnell herab auf den Befehl
Und schleift am Fuße nach die dünne Kette.

Er hüpft auf einem Bein. Er schlägt behende
Das Tamburin und bläst auf der Schalmei.
Dann geht er ab den Kreis und streckt die Hände
Nach Pfennigen aus, und dankt wie ein Lakai.

In seinem Auge rollt ein Feuer, weiß
Kalt wie ein Frosch, und seine Stirn gerinnt
In viele Runzeln, wie ein Greis
Uralt, und wie ein neugebornes Kind.

Georg Heym · Der Affe

Mit wuchtigen Knien,
Von Krähen umschrien,
Im Dunst seiner Pferde,
Die Fäuste am Sterz –
Samt Pflugschar und Rossen
Selbst bodenentquollen,
Stampft er jetzt die Schollen
Und zwingt in die Erde
Sein reißendes Erz.

Die Brache umbrechen,
Heißt Kräfte lossprechen,
Die Erde braucht Hände,
Zu lösen ihr Herz.
Mann, Pflugschar und Rosse:
Von Erde genommen,
Zur Erde gekommen.
Gestalt aus Gelände
Im dampfenden März.

Ina Seidel · Der Pflüger

O träum nur, träum! Dein goldner Blick erhebt
Zum Fenster sich, vor dem sich Flocken regen,
Zum Dach, an dem ein Streifen Schnee schon klebt,
Zu wehenden Pappeln, die den Himmel fegen.

Du rückst ein wenig näher zu mir her,
Rollst dich zusammen, willst, daß wir uns wähnen

In einer Weite, grenzenlos und leer,
Verlockt von grauem Himmel und Moränen,

Vom Schneebereich, aus dem du einmal kamst,
Mir fremd, von nebelüberdeckten Räumen,
Der Tundra, von der du dein Dasein nahmst.

Ich teil mit dir und teil mit deinen Träumen:
Ich bin ein Mensch, wie Gott bin ich bereit
Zur Trauer aller Welt und aller Zeit.

Iwan Bunin · Der Hund

Ich lache ob den abgeschmackten Laffen,
Die mich anglotzen mit den Bocksgesichtern;
Ich lache ob den Füchsen, die so nüchtern
Und hämisch mich beschnüffeln und begaffen.

Ich lache ob den hochgelahrten Affen,
Die sich aufblähn zu stolzen Geistesrichtern;
Ich lache ob den feigen Bösewichtern,
Die mich bedrohn mit giftgetränkten Waffen.

Denn wenn des Glückes hübsche sieben Sachen
Uns von des Schicksals Händen sind zerbrochen,
Und so zu unsern Füßen hingeschmissen;

Und wenn das Herz im Leibe ist zerrissen,
Zerrissen, und zerschnitten, und zerstochen, –
Dann bleibt uns doch das schöne gelle Lachen.

Heinrich Heine

O grausige Verlorenheiten
Der Schöpfung, schauerlicher Ort!
In welchen Schorf der Sümpfe gleiten
Die Dämmerungen Gottes fort?

Wesen der Welt, entlegne Seele
Fault hier in Schlamm und Schlaf erstarrt,
Hängt salamandern an der Kehle
In Spiegelungen eingescharrt.

Albin Zollinger

Unter türkischen Linden, die blühen, an Rasenrändern,
in leise von ihrem Heimweh geschaukelten Ständern
atmen die Ara und wissen von ihren Ländern,
die sich, auch wenn sie nicht hinsehn, nicht verändern.

Fremd im beschäftigten Grünen wie eine Parade,
zieren sie sich und fühlen sich selber zu schade,
und mit den kostbaren Schnäbeln aus Jaspis und Jade
kauen sie Graues, verschleudern es, finden es fade.

Unten klauben die duffen Tauben, was sie nicht mögen,
während sich oben die höhnischen Vögel verbeugen
zwischen den beiden fast leeren vergeudeten Trögen.

Aber dann wiegen sie wieder und schläfern und äugen,
spielen mit dunkelen Zungen, die gerne lögen,
zerstreut an den Fußfesselringen. Warten auf Zeugen.

Rainer Maria Rilke · Papageien-Park. Jardin des Plantes, Paris

Nieder den grauen, im Lichte schwindenden Berghang zur Tränke
Rennt immer schneller gezogen die Herde, mit strebenden Hälsen,
Große Vogelleiber, auf hohen Beinen gewiegte,
Weichen Laufs und tanzenden Sprungs, die Quelle schon feiernd,
Die sie im Talgrund erharrt. Von hellster zu dunkelster Bräune
Spielt übern blinden Karst die runde, lebendige Tierheit,
Aber inmitten sieh: das Eine, fleckenlos weiße,
Nicht von der Erde, aus seligem Nichts, umrissene Reinheit,
Wandelnde, schaukelnde Lücke im stofflichen Raum, mit den andern
Unschuldig immer verschwistert und wird doch, wenn sie sich sammeln,
In ihrer Mauer ein Fenster – wohin? Ein offenes Fenster.

Ludwig Strauß · Kamelherde

Mit zunehmender Erkenntnis werden die Tiere den Menschen immer näher sein. Wenn sie dann wieder so nahe sind wie in den ältesten Mythen, wird es kaum mehr Tiere geben.

Elias Canetti

Hab nichts mich dran zu freuen,
    Bin dumm und ungestalt,
    Ohn' Mut und ohn' Gewalt;
Mein spotten, und mich scheuen
    Die Menschen, jung und alt;
    Bin weder warm noch kalt;
Hab' nichts, mich dran zu freuen,
    Bin dumm und ungestalt;
Muß Stroh und Disteln käuen;
    Werd' unter Säcken alt –
Ah, die Natur schuf mich im Grimme!
Sie gab mir nichts, als eine schöne Stimme.

Matthias Claudius · Der Esel

Zur Geschichte des Schafes: der Mensch findet heute das Schaf dumm. Aber Gott hat es geliebt. Er hat die Menschen wiederholt mit Schafen verglichen. Sollte Gott ganz Unrecht haben?
Zur Psychologie des Schafes: der sichtbar gestaltete Ausdruck hoher Zustände ist dem der Blödheit nicht unähnlich.

Robert Musil

Immer wenn man ein Tier genau betrachtet, hat man das Gefühl, ein Mensch, der drin sitzt, macht sich über einen lustig.

Es wird besser werden. Wann?
Wenn die Hunde regieren?

Elias Canetti

Ich ging, derselbe und nicht derselbe, im Eichenwald,
Staunend, daß meine Muse, die Mnemosyne,
Mir nichts von meinem Staunen genommen hatte.
Die Elster kreischte, und ich sagte: Elstertum,
Was ist das Elstertum? Das Herz der Elster,
Ihre behaarten Nüstern über dem Schnabel, den Flug,
Der sich erneuert im Fallen,
Werde ich niemals erreichen, also auch nicht erkennen.
Doch gibt es das Elstertum nicht,
So gibt es auch meine Natur nicht.
Wer hätte gedacht, daß ich, Jahrhunderte später,
Den Streit erfinde um Universalien.

Czesław Miłosz · Elstertum

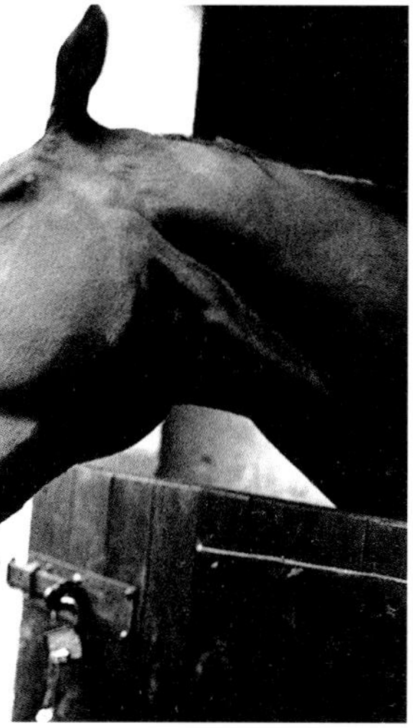

Ich schämte mich, bei Tag zu gehn,
die Leute lachen schnell.
Und dennoch muß ichs einmal sehn
ein letztes Mal am Barren stehn;
noch einmal glänzt das Fell.

Ich heb den Striegel von der Wand
und streich den Rücken ab.
Mir zittert dieses Mal die Hand,
ich trete langsam aus dem Stand
und leg den Striegel ab.

Noch einmal schütt ich Hafer vor,
noch einmal schau ich hin,
dann geh ich leise aus dem Tor
und schieb den Riegel außen vor,
als hätt das einen Sinn.

Am Morgen, es ist nebelgrau,
fährt einer fort damit.
Und wie ich aus dem Fenster schau,
ist leer der Stall. Im Nebelgrau
trabt viel Verlornes mit.

Guido Zernatto · Abschied vom verkauften Pferd

Paris

Ein blendendes Spitzchen blickt über den Wald,
Das ruft mich, das zieht mich, das tut mir Gewalt:

»Was schaffst du noch unten im Menschengewühl?
Hier oben ists einsam! Hier oben ists kühl!

Der See mir zu Füßen hat heut sich enteist,
Er kräuselt sich, flutet, er wandert, er reist.

Die Moosbank des Felsens ist dir schon bereit,
Von ihr ists zum ewigen Schnee nicht mehr weit!«

Das Spitzchen, es ruft mich, sobald ich erwacht,
Am Mittag, am Abend, im Traum noch der Nacht.

So komm ich denn morgen! Nun laß mich in Ruh!
Erst schließ ich die Bücher, die Schreine noch zu.

Leis wandelt in Lüften ein Herdegeläut:
»Laß offen die Truhen! Komm lieber noch heut.«

Conrad Ferdinand Meyer · Das weiße Spitzchen

Bin kein sittsam Bürgerkätzchen,
Nicht im frommen Stübchen spinn ich.
Auf dem Dach, in freier Luft,
Eine freie Katze bin ich.

Wenn ich sommernächtlich schwärme,
Auf dem Dache, in der Kühle,
Schnurrt und knurrt in mir Musik,
Und ich singe was ich fühle.

Heinrich Heine

Die Vorführende, offenbar Tierbändigerin, mit einem Löwen auf der Straße (der Löwe aufrecht, nicht größer als sie); ich stelle die Frage an mich, nachdem ich längere Zeit die Sache erwogen (denn der Löwe war wunderbar, wenn auch alle Leute ihm ängstlich auswichen). Kann nicht auch ich näher mit ihm zu tun haben, ihn liebkosen? Was könnte er denn mir tun, wenn ich ohne die geringste Ängstlichkeit in reiner Absicht, mit voller Freundlichkeit mich an ihn heranmachte? Sie sagte mir einfach, ich solle ihn auf die Arme nehmen. Dies tat ich, ich streichelte ihn, und schon folgte er mir wunderbar.

Ludwig Hohl · Der Löwe

Oft denk ich an die Fische in den tiefen Buchten.
Was ich mit der Erinn'rung an euch wohl machen mag,
Ich weiß von euch ja nichts als etwas Schaum und Schatten,
Und daß ihr sterbt wie ich an irgendeinem Tag.

Warum kommt ihr denn stets in meinen Traum und fragt,
Als ob ich helfen könnte euch, den stummen Fischen?
O geht zurück ins Meer und laßt mir meine Erde,
Wir sind nicht da, um unsre Tage zu vermischen!

Jules Supervielle · Die Fische

Jakob war der Büffel seiner Herde.
Wenn er stampfte mit den Hufen,
Sprühte unter ihm die Erde.

Brüllend ließ er die gescheckten Brüder.
Rannte in den Urwald an die Flüsse,
Stillte dort das Blut der Affenbisse.

Durch die müden Schmerzen in den Knöcheln
Sank er vor dem Himmel fiebernd nieder,
Und sein Ochsgesicht erschuf das Lächeln.

Else Lasker-Schüler · Jakob

Einst haben die Kerls auf den Bäumen gehockt,
behaart und mit böser Visage.
Dann hat man sie aus dem Urwald gelockt
und die Welt asphaltiert und aufgestockt,
bis zur dreißigsten Etage.

Da saßen sie nun, den Flöhen entflohn,
in zentralgeheizten Räumen.
Da sitzen sie nun am Telefon.
Und es herrscht noch genau derselbe Ton
wie seinerzeit auf den Bäumen.

Sie hören weit. Sie sehen fern.
Sie sind mit dem Weltall in Fühlung.
Sie putzen die Zähne. Sie atmen modern.
Die Erde ist ein gebildeter Stern
mit sehr viel Wasserspülung.

Sie schießen die Briefschaften durch ein Rohr.
Sie jagen und züchten Mikroben.
Sie versehn die Natur mit allem Komfort.
Sie fliegen steil in den Himmel empor
und bleiben zwei Wochen oben.

Was ihre Verdauung übrigläßt,
das verarbeiten sie zu Watte.
Sie spalten Atome. Sie heilen Inzest.
Und sie stellen durch Stiluntersuchungen fest,
daß Cäsar Plattfüße hatte.

So haben sie mit dem Kopf und dem Mund
Den Fortschritt der Menschheit geschaffen.
Doch davon mal abgesehen und
bei Lichte betrachtet sind sie im Grund
noch immer die alten Affen.

Erich Kästner · Die Entwicklung der Menschheit

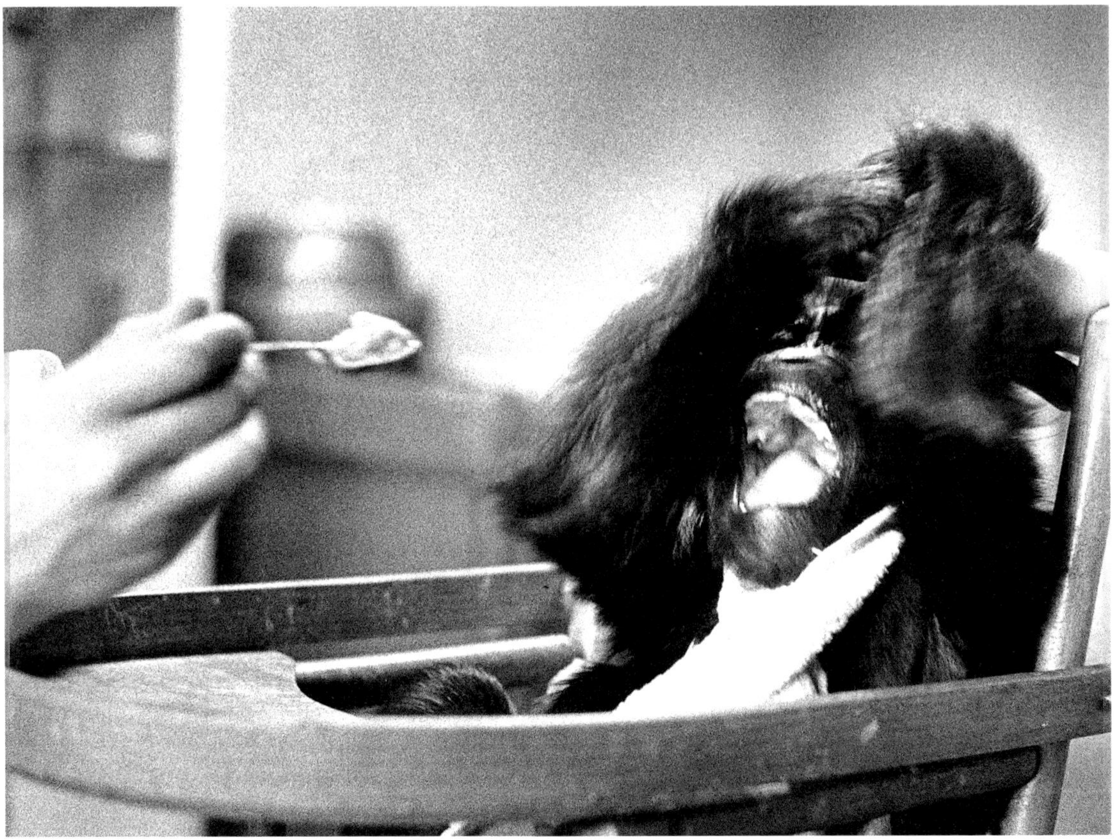

Als es erwachte
lag das Kamel auf dem Rücken
Das soll wohl ein Scherz sein
Wann
so frage ich Sie
hat ein Kamel
sich jemals schon
auf den Rücken gelegt
Sie haben es erraten
Die Höcker waren weg
Stehend
äugte es hinter sich
nichts wogte dort
nur sein Selbstverständnis wankte
Ohne Wülste
wo gehörte man da hin
war man da
noch Kamel
oder bereits Pferd
Seinen Auftritt in Aida
konnte es jedenfalls vergessen
es sei denn
sie banden ihm zwei Säcke obenauf
Vielleicht verdingte es sich als Roß
sattelte um auf Die Walküre
ein dickes Weib auf dem Rücken
Wenn nichts mehr ging
blieb immer noch das Nadelöhr
eine schwierige Nummer wäre das allerdings
Da müßte man ausgiebig fasten
dünner und flacher werden
und den linken Fuß in der Luft zwirbeln
damit er beim Einfädeln
die Öffnung nicht verfehlte

Alfred Brendel

Ich liebte ein Pferd – wer war es? – es sah mich an, geraden Blicks, unter seinem Gelock.
Seiner Nüstern atmende Höhlen waren zwei Dinge schön anzuschaun – mit jener atmenden Grube, die aufschwillt über jedem Auge.
Nach dem Lauf war es voll Schweiß: voll Glanz! – und ich preßte Monde in seine Flanken mit meinen Knabenknieen . . .
Ich liebte ein Pferd – wer war es? – und zuweilen (denn ein Tier weiß besser, welche Kräfte uns rühmen)
hob es zu seinen Göttern ein ehernes Haupt: schnaubend, durchfurcht von verästelten Adern.

Saint John-Perse

NO
PARKING

DANK
zu diesem Buch

Stefan Moses dankt den
Mitarbeitern des Verlages
für ihre freundliche
Cooperation
und besonders herzlich:
Susanne Baumgartner
Ehrhard Brunner
Peter Hamm
Michael Krüger
Loriot
und all den Menschen und den Tieren,
denen ich begegnete

INHALT

Seite 26
Tupi-Indianerin mit Kälbern, Straße in Tacna, Peru 1959

Seite 27
Hirtin auf Weidegrund, Chile 1959

Seite 28
Langhaardackel Poldi, Gergweis 1960

Seite 29
Langhaardackel Poldi mit Papagei Cora, München 1960

Seite 30
Dorfkatzen, Chiemsee 1983

Seite 31
Königstigermanege, Circus Krone, München 1965

Seite 32
Stute mit Fohlen und Bauernkindern, Valdivia, Chile 1959

Seite 33
Stute mit Fohlen und Bauernkindern, Valdivia, Chile 1959

Seite 34
Dame mit Pudel, Baden-Baden 1973

Seite 35
Ringo mit Toe und Cairnterrier, Atelier München

Seite 36
Seeadler, Iquique, Chile 1962

Seite 37
Bauer auf dem Heimritt vom Markt auf einem Maulesel

Seite 38
Marina di Campo, Insel Elba 1955

Seite 39
Tierhandlung, Paris 1967

Seite 40
Hauskatze mit chinesischer Tiermaske, Ammersee, Bayern 1965

Seite 41
Kind und Hauskatze mit chinesischen Tiermasken, Ammersee, Bayern 1965

INHALT

Seite 56/57
Austernfischer mit Pelikan und Kormoranen, Chile 1959

Seite 58
Werner Egk mit Großspitz Abraxas, Haus Inning 1983

Seite 59
Dame mit Barsoi, Insel Elba 1976

Seite 60
Schimpanse auf einem Drahtseil, Oktoberfest, München 1980

Seite 61
Affenhaus, Tierpark Hellabrunn, München 1969

Seite 62
Urwaldrodung mit Gaurrindern, Matto Grosso, Brasilien 1959

Seite 63
Bauernjunge bei Asunción, Paraguay

Seite 64
Peggy Guggenheim (mit Nachtfalterbrille von Calder) und Lhasas, Venedig 1979

Seite 65
Dackelwelpe, Gergweis 1960

Seite 66
Varieté Flic Flac und Circus Busch, Wien/Berlin 1990

Seite 67
Varieté Flic Flac und Circus Busch, Wien/Berlin 1990

Seite 68
Menagerieschau, Budenwand auf dem Oktoberfest, München 1966

Seite 69
Karahkhavake mit Krokodil, Varieté Flic Flac, Wien 1980

Seite 70
Urwaldsiedler, Matto Grosso, Brasilien 1959

Seite 71
Junge Katzen und Ara-Papagei

INHALT

Quellenverzeichnis

Charles Baudelaire (1821–1867), Die guten Hunde (Auszug)
Aus: ders., Sämtliche Werke/Briefe, Bd. 8. Herausgegeben und aus dem Französischen übersetzt von Friedhelm Kemp. © 1985 Carl Hanser Verlag, München.
Die Katze
Aus: Stefan George, Sämtliche Werke in 18 Bänden, Bd. 13/14. Baudelaire. Die Blumen des Bösen. Umdichtungen. Herausgegeben von der Stefan George-Stiftung, Stuttgart, bearbeitet von Georg P. Landmann. © 1983 Klett-Cotta, Stuttgart.

Paul Boldt (1885–1918), Junge Pferde
Aus: ders., Junge Pferde. Bücherei ›Der jüngste Tag‹, Band 11. Leipzig 1914.

Alfred Brendel (* 1931), Als es erwachte
Aus: ders., Störendes Lachen während des Jaworts. © 1997 Carl Hanser Verlag, München.

Georg Britting (1891–1964), Krähenschrift
Aus: ders., Sämtliche Werke, Bd. 4. Paul List Verlag GmbH und Co. KG, München 1996.

Iwan Bunin (1870–1953), Der Hund
Aus: Russische Lyrik. Übersetzt von Hans Baumann. Sigbert Mohn Verlag, Gütersloh 1963.

Elias Canetti (1905–1994), Es wird besser werden
Mit zunehmender Erkenntnis
Es ist heute schon unwahr
Aus: ders., Werke, Bd. 4. Die Provinz des Menschen. © 1993 Carl Hanser Verlag, München.

Matthias Claudius (1743–1815), Der Esel
Aus: ders., Sämtliche Werke. Herausgegeben von Jost Perfahl und Hans Jörg Platschek. Artemis & Winkler Verlag, Düsseldorf und Zürich 1975.

Carlos Drummond de Andrade (1902–1987), Das Rind
Aus: ders., Poesie. Aus dem Portugiesischen übersetzt von Curt Meyer-Clason. © 1965 Suhrkamp Verlag, Frankfurt/Main.

Günter Eich (1907–1972), Tauben
Aus: ders., Gesammelte Werke, Bd. 1, Die Gedichte. Herausgegeben von Horst Ohde.
© 1973 Suhrkamp Verlag, Frankfurt/Main.

Gunnar Ekelöf (1907–1968), Meerverwandlung
Aus: ders., Poesie. Aus dem Schwedischen übersetzt von Nelly Sachs. Suhrkamp Verlag, Frankfurt/Main 1962.

Günter Bruno Fuchs (1927–1977), Über die Verwandtschaft zwischen Schnee- und Feldhasen
Aus: ders., Werke in drei Bänden, Bd. 2. Herausgegeben von Wilfried Ihrig. © 1992 Carl Hanser Verlag, München.

Stefan George (1868–1933), Meine weissen ara
Aus: ders., Sämtliche Werke in 18 Bänden, Bd. 3. Herausgegeben von der Stefan-George-Stiftung, Stuttgart, bearbeitet von Ute Oelmann. © 1991 Klett-Cotta, Stuttgart.

Friedrich Hebbel (1813–1863), Auf das Tier
Aus: ders., Werke, Bd. 3. Herausgegeben von Gerhard Fricke, Werner Keller und Karl Pörnbacher. Carl Hanser Verlag, München 1965.

Heinrich Heine (1797–1856), Hüt dich, mein Freund
Ich lache ob den abgeschmackten Laffen
Du sahst mich oft (Auszug)
Aus: ders., Sämtliche Schriften, Bd. 1, Buch der Lieder, Junge Leiden. Herausgegeben von Klaus Briegleb. Carl Hanser Verlag, München 1968.
Mimi (Auszug)
Aus: ders., Sämtliche Schriften, Bd. 6/1, Gedichte 1853 und 1854. Herausgegeben von Walter Klaar. Carl Hanser Verlag, München 1975.

Georg Heym (1887–1912), Der Affe
Aus: ders., Dichtungen und Schriften, Gesamtausgabe in vier Bänden, Bd. 1. Herausgegeben von Karl Ludwig Schneider. C. H. Beck'sche Verlagsbuchhandlung, München 1964.

Ludwig Hohl (1904–1980), Der Löwe
Aus: ders., Die Notizen oder von der unvoreiligen Versöhnung. © 1981 Suhrkamp Verlag, Frankfurt/Main.

Erich Kästner (1899–1974), Ein Hund hält Reden
Die Entwicklung der Menschheit
Aus: ders., Gesammelte Schriften für Erwachsene. Atrium-Verlag, Zürich 1969. © Erich Kästner Erben, München.

Gertrud Kolmar (1894–1943), Trauerspiel
Aus: dies., Gedichte. © 1996 Suhrkamp Verlag, Frankfurt/Main.

Else Lasker-Schüler (1869–1945), Jakob
Aus: dies., Gedichte 1902–1943. © 1996 Suhrkamp Verlag, Frankfurt/Main.

Wilhelm Lehmann (1882–1968), Der Esel
Februarmond
Aus: ders., Gesammelte Werke in acht Bänden, Bd. 1, Sämtliche Gedichte. © 1982 Klett-Cotta, Stuttgart.

Walter Mehring (1896–1981), Singweise vom Paradiso (Auszug)
Aus: ders., Chronik der Lustbarkeiten. Die Gedichte, Lieder und Chansons 1918–1933. Herausgegeben von Christoph Buchwald. © 1981 Claassen Verlag GmbH, Düsseldorf.

C. F. Meyer (1825–1898), Das weisse Spitzchen
Aus: ders., Sämtliche Werke. Droemersche Verlagsanstalt, München 1950.

Czesław Miłosz (*1911), Elsterturm
Aus: ders., Gedichte 1933-1981. Aus dem Polnischen übersetzt von Karl Dedecius und Jannine Luczak-Wild. © 1982 Suhrkamp Verlag, Frankfurt/Main.

Eugenio Montale (1896–1981), Im Parterre
Aus: ders., Satura. Diario. Aus dem Italienischen übersetzt von Michael Marschall von Biberstein. © 1976 Piper Verlag GmbH, München.

Robert Musil (1880–1942), Schafe, anders gesehen (Auszug)
Aus: ders., Gesammelte Werke, Bd. 7. Herausgegeben von Adolf Frisé. © 1978 Rowohlt Verlag GmbH, Reinbek.

Friedrich Nietzsche (1844–1900), »Dem Reinen ist alles rein«
Aus: ders., Werke in drei Bänden, Bd. 2, Also sprach Zarathustra. Herausgegeben von Karl Schlechta. Carl Hanser Verlag, München 1955.

Rainer Maria Rilke (1875–1926), Papageienpark
Aus: Sämtliche Werke, Bd. 1. Insel Verlag, Frankfurt 1955.

Joseph Roth (1894–1939), Stierkampf am Sonntag (Auszug)
Aus: ders., Werke, Bd. 3. Herausgegeben von Klaus Westermann. © 1991 Verlag Kiepenheuer & Witsch, Köln und Verlag Allert de Lange, Amsterdam.

Umberto Saba (1883–1957), Seitdem
Aus: ders., Triest und eine Frau. Aus dem Italienischen übersetzt von Paul Wolfgang Wührl. Insel Verlag, Frankfurt/Main 1962.

Saint John-Perse (1887–1975), Ich liebte ein Pferd
Aus: ders., Das dichterische Werk. Herausgegeben und aus dem Französischen übersetzt von Friedhelm Kemp. © 1980 Carl Hanser Verlag, München.

René Schickele (1883–1940), Katzen
Aus: ders., Romane und Erzählungen. Bd. 1. © 1959, 1983 Verlag Kiepenheuer & Witsch, Köln.

Ina Seidel (1885–1974), Kormoran [Verwandlungen II] (Auszug)
Der Pflüger
Aus: dies., Gedichte. © 1949 Deutsche Verlags-Anstalt GmbH, Stuttgart.

Ludwig Strauß (1892–1953), Kamelherde
Aus: ders., Dichtungen und Schriften. Herausgegeben von Werner Kraft. Kösel Verlag, München 1963.

Jules Supervielle (1884–1960), Die Fische
Aus: Französische Gedichte aus neun Jahrhunderten. Herausgegeben und aus dem Französischen übersetzt von Manfred Gsteiger. © Artemis & Winkler Verlag, Düsseldorf und Zürich 1977.

Unbekannter irischer Dichter (9. Jahrhundert), Der Mönch und sein Lieblingskater
Aus: Irische Harfe. Herausgegeben und übersetzt von Hans Trausil. © 1996 Langwiesche-Brandt KG, Ebenhausen.

Silja Walter (* 1919), Mein kleiner weißer Hund und ich
Aus: dies., Gedichte. © 1950, 1966, 1972 Verlags AG Die Arche, Zürich.

Guido Zernatto (1903–1943), Abschied vom verkauften Pferd
Aus: ders., Gelobt sei alle Kreatur. Wolfgang Jeß Verlag, Dresden 1930.

Albin Zollinger (1895–1941), Die Krokodile (Auszug)
Aus: ders., Gesammelte Werke, Bd. 4. Atlantis Verlag, Zürich 1962.

Wir danken den Lizenzgebern für das Zustandekommen der vorliegenden Anthologie. Falls es uns nicht gelungen ist, alle Rechteinhaber zu ermitteln, bitten wir diese, sich mit uns in Verbindung zu setzen.